INVENTAIRE
Ye 28 445

AF245824

LES

PRISMES

PAR

RAOUL DE NAVERY

PARIS

JULES TARDIEU, ÉDITEUR
13, rue de Tournon

E. DENTU, ÉDITEUR
Galerie vitrée du Palais-Royal

1858

LES PRISMES

Ye

28445

Tout exemplaire non revêtu de la signature de l'auteur sera réputé contrefait.

METZ. — IMP. M. ALCAN.

LES
PRISMES

PAR

RAOUL DE NAVERY

BIBLIOTHÈQUE IMPÉRIALE IMPR.

PARIS

JULES TARDIEU, ÉDITEUR	E. DENTU, ÉDITEUR
13, rue de Tournon	Galerie vitrée du Palais-Royal

1858

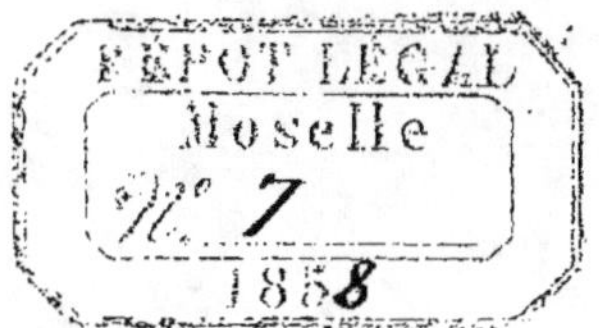
DÉPÔT LÉGAL
Moselle
N° 7
1858

A Emilie Bochkoltz

Il est un pays vers lequel se tournent mes
yeux, sitôt que la lassitude s'empare de mon
esprit, et que le vide se fait dans mon cœur.

Il est une maison cachée sous les grands arbres, maison blanche que l'on aperçoit de loin
à travers la grille que décorent les rameaux touf-
fus du sorbier.

Il est une amie que je nomme à l'heure où
nul n'est assis à mon foyer, amie dont l'image
remplit l'âme, comme son portrait décore le ca-
binet du poète.

Cette ville est Trèves !

Cette maison est la vôtre.

Cette amie, c'est vous...

Trèves, la ville antique où je retournerai, le
Gütchen qui nous verra toutes deux, les bras en-
trelacés, nous promener dans les grandes allées,
cueillir les roses et les fraises des bois, soulever
les grappes mûres dans la vigne, et nous repo-
ser sous la tonnelle qui s'ombrage de feuilles
plus grandes que celles du bananier.

Trèves que j'ai chantée près de vous :

Dans les noms de cités que l'histoire réclame
Pour remplir les feuillets de son livre immortel,
Il en est un écrit en symboles de flamme,
Grand comme une ruine, et saint comme un autel.

Il en est un gravé sur les pierres noircies
Que les enfants de Rome élevaient jusqu'aux cieux,
Géants dont les splendeurs ne sont point obscurcies
Par vingt siècles couchés sur leurs restes poudreux.

Et parmi les cités aux flancs ceints de muraille
Trèves voit son éclat grandir sur des tombeaux ;
L'armure de granit sied toujours à sa taille :
C'est un gladiateur qui sourit au repos.

.   .   .   .

La blanche maison m'a donné l'hospitalité.
Là, vous m'avez initiée au charme des ballades
allemandes, là, vous m'avez dit entre les sanglots de l'adieu :

— Dans les jours où vous souffrirez une
sœur vous attendra...

Irai-je bientôt ?

Amie, depuis ces beaux mois, j'ai toujours
suivi avec attendrissement sur la carte le cours
de la Moselle et les sinuosités de la Saar. J'ai
placé autour de moi les dessins de ces ruines
gigantesques où je cherchais à la fois les pas des
conquérants et le sang des martyrs...

Oh! je le sais, vous ne m'avez point oubliée.
Ouvrez votre album, vous y trouverez ces
strophes écrites un jour où l'amitié m'inspira de
me parer, pour votre fête, des fruits du sorbier
qui marqua le jour de votre naissance.

L'arbuste fut planté naguère
Pour ombrager en son berceau,
Une enfant que des yeux, sa mère
Couvait comme un petit oiseau.

L'enfant grandit, l'arbre qui tremble
Doubla ses rameaux protecteurs;
On aimait regarder ensemble
L'enfant naïve et l'arbre en fleurs !

Plus tard s'épaissit la charmille
Dont le feuillage réjouit,
Et de la fraîche jeune fille
Le beau printemps s'épanouit.

Le sorbier répandait son ombre
Sur les petites fleurs des bois ;
Dieu seul vit les douleurs sans nombre
Que l'enfant calmait à sa voix.

L'arbre élevait un front superbe
Sous le soleil, dont le rayon
Fait germer le petit brin d'herbe
Et la marguerite en bouton.

L'enfant, devant un monde injuste,
Courbait un front plein de candeur,
Comme l'on voit le jeune arbuste
Sous les feuilles cacher sa fleur.

Douce union! tendre présage!
La jeune fille et le sorbier
Ont senti les coups de l'orage
Qui les courba sans les plier.

Fort désormais, l'arbre s'élève
Chargé de ses fruits de corail;
Et la femme remplit son rêve :
L'amour, la vertu, le travail!

Croîs, beau sorbier, aimez, ô femme !
C'est l'unique loi du Seigneur :
Il met l'amour au fond de l'âme,
Comme les parfums dans la fleur.

Je vous ai dû, ma sœur, des heures de recueillement si douces que je vous donne ce livre où votre nom rayonne comme une céleste étoile.

Il parle d'amour, de bonheur et de gloire ; je l'ai nommé LES PRISMES, parce que gloire, amour et bonheur, sont choses insaisissables et fugitives qui s'effacent, à mesure que décroissent nos illusions !

Arc-en-ciel magique formé de tout l'éclat des vertus, de toutes les nuances du sentiment, de toutes les couleurs de l'espérance, les prismes du cœur pâlissent sous la brume des ennuis, et s'effacent sous les pleurs de la souffrance...

Chacun de mes volumes est une offrande pieuse :

Les Marguerites s'effeuillèrent à l'aurore de mes jours, jours embaumés et fleuris que l'on regrette comme l'ignorance qui en faisait le plus grand charme.

La Crèche et la Croix fut une œuvre chrétienne déposée sur le tombeau d'un saint évêque d'Italie.

Les Souvenirs du Pensionnat qui me rappelaient mon couvent et les anges gardiens de ma vie, ont été envoyés à des jeunes filles qui gardaient une part de mes plus douces affections.

Les Prismes sont à vous dont l'amitié ne faiblira jamais, et saurait encore me consoler de la perte de mes dernières espérances.

Pour moi, un livre n'est pas une lettre adressée à des indifférents, c'est un message du cœur envoyé là où s'envole mon âme quand elle est triste : lasse de repasser les sentiers parcourus, inquiète en voyant la route à suivre...

Dans quelques jours vous recevrez PEBLO, pages intimes, légende d'amour que je dédierai à un dieu sans autel, à une fleur inconnue, à un astre que le ciel des hommes ne verra jamais briller.

I

LA POÉSIE ET LES FEMMES

LA POÉSIE ET LES FEMMES

On nous avait dit : jeunes femmes,
Voilez le secret de vos âmes,
Que vos hymnes soient sans échos ;
L'homme seul est roi des idées,
Et vous êtes dépossédées
De la gloire et de ses travaux.

C'est vrai ! les plans d'une épopée
Que l'on burine avec l'épée
Sont pour vous, poètes soldats,
Mais qui peindra mieux la tendresse
Que celles qui parlent sans cesse
La langue du cœur ici-bas ?

A vous les odes héroïques,
A vous les luttes énergiques
Des rois, des peuples, des tribuns ;
A nous les souvenirs intimes,
La prière aux élans sublimes ;
A nous l'autel et ses parfums.

A nous les tendres élégies,
Les rêves féconds en magies,
Les nids d'oiseaux, les champs, les fleurs ;
A nous surtout, le grand poème
Où l'on apprend comment on aime :
Poème écrit avec nos pleurs !

La Grèce, mère des poètes,
Eut des lauriers pour toutes têtes :
Lesbos a couronné Sapho.
Par trois fois à Thèbes, Corinne
A surpassé Pindare ; Erinne
Composa l'immortel *Fuseau*.

A Toulouse on moissonne encore
Les bouquets de Clémence Isaure ;
Lyon vit Louise Labé
Au milieu d'une cour choisie
Des arts et de la poésie,
Relever le sceptre tombé.

Sévigné simple, naturelle,
Dans sa tendresse maternelle
Fit jaillir l'esprit de son cœur !
Staël célébra l'Italie ;
A vingt ans, par la faim pâlie,
S'éteignit Elisa Mercœur...

Hommes fiers de votre génie,
Laissez, laissez notre harmonie
Dans vos souffrances vous calmer :
A vous le glaive ! à nous la lyre !
Nos chants sont faits pour vous séduire
Comme nos yeux pour vous charmer !

II

J'AI PEUR DE T'AIMER

J'AI PEUR DE T'AIMER !

A G...

Ah ! ne reviens jamais, car j'ai peur de t'aimer !
Je revois ton regard qui dans le mien s'arrête ;
Je ne sais quel pouvoir me force à te nommer,

Ange dont la pitié sur le front se réflète,
Ah ! ne reviens jamais, car j'ai peur de t'aimer !

Mon âme n'était plus que l'urne funéraire
Qui garde saintement le souvenir des morts ;
J'embaumais le passé de larmes, de prière,
Tu viens me réveiller à l'heure où je m'endors,
Quand mon âme n'est plus qu'une urne funéraire.

A quoi bon allumer en moi quelqu'étincelle
De ce feu dévorant que l'on nomme l'amour !
N'aurais-je pas alors une peine nouvelle
A joindre à la douleur qui m'accable en ce jour !
A quoi bon allumer en moi cette étincelle ?

J'ai perdu mon printemps en rêves, en soupirs,
Et j'arrive à l'été quand tout se décolore ;
Je n'attends qu'amertume, hélas ! car les plaisirs

Sont un léger parfum qui dans l'air s'évapore.
J'ai perdu mon printemps en rêves, en soupirs !

Laisse-moi donc traîner une mélancolie
Pareille aux longs habits qu'on revêt dans le deuil ;
Au courant d'un ruisseau livrer, comme Ophélie,
Des bouquets qui n'iront embaumer qu'un cercueil ;
Laisse-moi tout le poids de ma mélancolie.

Mon Dieu, l'amour m'effraie, et j'ai peur de t'aimer !
Prends pitié de ces pleurs qui mouillent ma paupière
Et vois frémir mon sein que rien ne peut calmer.
Rien ! car ton souvenir m'enivre tout entière...
Ah ! ne reviens jamais ! tout m'entraîne à t'aimer !

III

CE N'EST PAS L'ADIEU

———

CE N'EST PAS L'ADIEU !

Non, ce n'est pas l'adieu, ma douce et tendre amie,
Cela fait trop de mal quand on s'est tant aimé !
— Les feuilles vont tomber, l'hirondelle est partie
Et le rosier n'a plus de bouton parfumé.

Pour un temps la nature abdique sa couronne,
Elle couvre son front des voiles de l'automne,
Le soleil est plus rare et l'air moins embaumé.

Mais ce n'est pas l'adieu ! — des splendeurs de la terre
Le printemps nous rendra les magiques trésors ;
Il donne aux prés leurs fleurs, aux bois leur ombre aus-
Au chantre de la nuit ses merveilleux accords ;   [tère,
Il rend les frais matins et les tièdes soirées ,
Le ciel d'un bleu plus pur, les vagues azurées ;
Il rend à notre cœur sa vie et ses transports.

Eh bien ! quand près de vous tout semblera renaître,
Que les fleurs s'ouvriront sous les baisers du jour,
Que l'oiseau bâtira son nid à la fenêtre,
Que la terre et le ciel diront un chant d'amour ;
Appelez-moi : — prenant mes pinceaux et ma lyre,
Les yeux pleins de bonheur, sur la lèvre un sourire,
Je viendrai vous donner le baiser du retour.

IV

LES POÈTES

MORTS AVANT L'HEURE

———

LES POÈTES

MORTS AVANT L'HEURE

Dans les longs soirs d'hiver, lorsque l'âme est remplie
Par des pensers d'amour ou de mélancolie,
Quand les bois dépouillés prennent, comme les flots,

Une voix qu'on dirait pleine d'amers sanglots ;
Quand Novembre a chanté les hymnes funéraires
Sur les tombes de marbre à nos regrets si chères ;
Je répète les noms de ceux qui, dans mon cœur
Ont été le rayon d'un fugitif bonheur :
Des vieillards indulgents, de blondes jeunes filles,
Des aïeules, la joie et l'amour des familles :
Et j'y mêle les noms des poètes amis,
Dans un sépulcre froid, avant l'heure, endormis...

J'évoque leur image : ils daignent m'apparaître,
Ils accourent en foule et semblent me connaître ;
— Venez à moi, leur dis-je, harmonieux rimeurs ,
Le jour pour nous fait trève aux bruyantes rumeurs ;
Le vent dans les forêts jette sa voix sonore
Et vous pouvez ici chanter jusqu'à l'aurore.
C'est l'heure où sur ta bouche, André, grec exilé ,
La poésie avait son langage perlé ;
C'est l'heure où le front pâle et la lèvre blêmie,
Gilbert, tu maudissais la fortune ennemie ;
C'est l'heure où tu songeais, Millevoye, au tombeau ;
Où pleurait Elisa, l'heure où souffrait Moreau !

Ils me disent alors l'effort de la pensée
Pour trouver une forme habile et cadencée ;
L'enfantement pénible où l'œuvre se débat,
L'Ange et Jacob, livrant un éternel combat.
L'idiôme qui nous sert est loin de leur langage,
Ils ont leur langue à part, voix du vent, de l'orage ;
Musique de la terre, elle tient le milieu
Entre l'accent de l'homme et des anges de Dieu.
Ils me disent l'orgueil d'une noble victoire,
Le triomphe attendu, le prix que vaut la gloire ;
Et j'entends applaudir !
     Puis, soudain, un drap noir
Ensevelit l'amour, l'avenir et l'espoir...
La pensée a tué le corps débile et frêle ;
L'homme expire ici bas : — L'ange rouvre son aile !

Que de poètes, morts avant d'avoir vécu,
Ont dit comme César : j'ai voulu, j'ai vaincu !
Que d'enfants moissonnés comme tombent les roses !
Dieu les reprend au ciel pour ses apothéoses.
Les plus beaux, les plus purs, sont ceux qui de leurs
Ont rejeté la coupe où le plaisir dit : bois ! [doigts

Ils ont aimé la mort, trouvant la vie amère ;
Ils n'ont jamais connu que l'amour de leur mère,
Puis, refermant leurs yeux à peine ouverts au jour,
Ils sont vite partis pour leur premier séjour.
Et pourtant un regret les suit dans la patrie !
Ils pleurent quelquefois en regardant Marie...
Cette femme entrevue un instant par leurs yeux
Leur manquera longtemps dans le calme des cieux !

D'autres, nés au matin où le printemps s'éveille,
Où le lilas fleurit, où bourdonne l'abeille,
Où la nature entière avait des chants pour eux,
Ont regardé la vie ainsi qu'un songe heureux.
Ils sont dès le matin allés sur les montagnes ;
Ils ont pris des bluets dans les blés des campagnes,
Cherché la forêt sombre et le saule argenté
Qui tremble sur le bord des ruisseaux en été.
Ils rêvaient, demandant : — d'où vient le flot humide ?
Que dit l'étoile ? Où va l'hirondelle rapide ?
Quelques-uns, recueillis dans le calme des nuits,
Chantaient les chœurs sacrés par leurs âmes traduits.
D'autres aimaient l'éclat, les splendeurs de l'aurore ;

Tous possédaient la foi qui croit, espère, adore ;
Avant que cette foi fût morte à leur réveil,
Ils ont penché la tête et dormi leur sommeil.

Un autre a vu de près les figures du monde ;
Il a sondé des lois la sagesse profonde :
De ces tables de pierre, une tomba du ciel ;
L'autre, code fragile, est l'œuvre d'un mortel,
L'une dit nos devoirs envers la race humaine ;
L'autre parle de Dieu vers qui la foi nous mène.
Le poëte a vécu double comme ces lois :
Libre aux pieds du Seigneur, soumis devant les rois ;
Forcé d'équilibrer deux contraires puissances :
Être ange par son âme, homme par ses souffrances ;
Ange par la prière, homme par les désirs,
Par l'appétit des sens, et la soif des plaisirs.
Ange par un amour éthéré, pur, céleste ;
Homme brisant bientôt cette aile qui lui reste !
N'ayant ni la vertu qui triomphe du mal
Et préserve le cœur amant de l'idéal,
Ni le vice hardi qui, le fard sur la joue,
Se rit de la vertu qu'il flagelle et bafoue.

Ils sont morts épuisés par la lutte sans fin
Que le démon du mal livre à l'ange du bien.

Et celui-ci qui, plein d'une pensée ardente,
Trouvant pour l'exprimer la parole impuissante,
Inventa des récits plus riches de couleur,
Et se vit dénier son génie et son cœur...
D'autres chantent ! le monde applaudit à leur gloire ;
D'autres souffrent ! leurs cris restent dans la mémoire ;
Et lui qui se sentait plus poète qu'eux tous
Lutte et souffre, animé d'un stérile courroux ;
Il meurt en maudissant les dons de la pensée
Et rend à Dieu son âme à tout jamais brisée.

Quelques-uns doivent vivre après avoir chanté ;
L'inspiration morte, il n'en est rien resté ;
Ils volaient autrefois : ils rampent sur la terre ;
Ils chantaient : leur parole est inerte et vulgaire ;
Et parce qu'on les voit marcher, rompre leur pain
Et boire à la fontaine au détour du chemin,

On dit : ils vivent ! non : ils sont morts avant l'âge ,
Roseaux qu'a foudroyés un coup de vent d'orage.

Regardez bien cet homme au front pâle et ridé ;
Il gravit la colline, et d'un pas attardé
Entre dans la chaumière où l'attend sa famille :
Sa femme, dans ses bras, tient la petite fille,
Deux enfants de leurs mains tressent le souple osier;
D'autres font des bouquets des boutons du rosier ,
Pour les vendre demain à la ville prochaine.
Eh bien ! cet homme fort qui succombe à la peine ,
Ce père qui travaille et ce morose époux,
Des rêves de ce monde avait fait les plus doux.
Il voulait de la gloire ! Il puisa dans son âme
De suaves accents qu'inspirait une femme,
Et, la main dans la main de cet ange choisi,
Il dut croire au bonheur : elle y croyait aussi !
Quand au pied de l'autel il eut donné sa vie,
La misère parut, et, de la faim suivie,
Elle franchit le seuil dont l'amour oppressé
S'envola brusquement comme un oiseau blessé;
La jeune fille heureuse, au sourire suave,

3

Devint bientôt la femme au maintien triste et grave ;
Penchant un front pâli sur de petits berceaux...
Le jeune homme oublia sa plume et ses pinceaux :
Ils ne rapportaient pas assez d'argent pour vivre.
Le talent dut mourir, le métier lui survivre.
Il dut se séparer de la muse des cieux !
Il remua la terre et dans le sol pierreux
Il fit germer l'épi qui nourrit la famille,
La vigne qui l'égaie et le lin qui l'habille.
Ah ! ne laissez jamais arriver jusqu'à lui
Le chant du rossignol sous son obscur abri,
Le refrain du ruisseau qui coule sous les saules ;
Voilez l'astre rêveur, pâle soleil des pôles ;
Qu'il n'entende jamais la voix de l'ouragan,
Le bruissement des joncs que lutine le vent,
Car il retrouverait une heure de délire
Pour chanter tout le jour appuyé sur sa lyre.
Il ne doit pas chanter ! le labeur est son lot,
La misère sa sœur, la triste faim, sa dot.

Plus tard, un lord Byron, orgueil de son royaume,
Dira : — Quel est ce toit que recouvre le chaume ?

Berger, peut-on passer sur ce seuil indigent?
— Oui, c'est pauvre, Monsieur... ils ont besoin d'ar-
Mais le père est honnête et la femme travaille;   [gent!
Si la vieille maison est couverte de paille,
Là tous les cœurs sont d'or, et l'on m'a dit hier
Que cet homme est savant plus que le magister!
O poète! descends, viens serrer la main rude
De ce frère inconnu : sa vie est une étude!
Il est mort par l'esprit, le poète est vaincu ;
Mais l'homme est fier et grand , sa famille a vécu.

Celui-ci ne sait pas quel sort Dieu lui réserve ;
De toutes les douleurs sa mère le préserve ;
Enfant, adolescent, puis homme; enfin, un jour
Elle embrasse son fils en redoublant d'amour :
— Enfant, te voilà libre et riche! dans le monde
Le respect qu'on vous rend sur un peu d'or se fonde;
Va donc où tu voudras, partout l'on est heureux ;
L'univers t'appartient! — Le jeune homme envieux
Prodigue l'or, achète un nom, de la puissance,
Il peut payer l'amour, il cote l'innocence!
Il rit, il chante, il vit! — Hélas! plaignez son sort,
Car l'élan poétique au cœur du riche est mort...

Si par un de ces jours que l'hiver nous envoie
Pour tracer au printemps une facile voie,
Vous voyez un jeune homme au front hâve et pâli,
Sous ces premiers rayons se traîner à midi,
Eh bien ! l'adolescent à l'âme de colombe,
Qui chancelle, en marchant tous les jours vers la tombe,
Etait un doux poète ; il sent qu'il va mourir,
Il doit voir une fois les feuilles se flétrir,
Et puis sous le gazon en novembre descendre ;
Seule sa mère ira sangloter sur sa cendre...
Il sourit aux muguets, il attend les lilas,
Avant le chrysanthème il sera mort, hélas !

Pour quelques-uns soyons sans pitié, pas de grâce !
Celui-ci, par un livre avait marqué sa place ;
Il marchait fièrement au milieu des auteurs
Qui partagent la nuit les baisers des neuf Sœurs.
Il fut grand ! il avait, dans l'œuvre de ses veilles,
Distillé tout le miel des célestes abeilles ;
Il avait dépensé son âme et ses trésors,
Pour répandre à grands flots de sublimes transports
Sur les pages où Dieu mit le sceau du génie !

Mais l'heure du triomphe éteignit l'harmonie ;
Il trafiqua son nom ; il demanda de l'or,
Il escompta sa gloire, et le poète est mort...
Il ne travailla plus pour que la renommée
Effleurât dans son vol sa retraite fermée.
Ecrivant pour écrire, et non plus pour chanter,
Il compila beaucoup sans daigner inventer ;
Le poète est bien mort ; plus de naïves flammes,
De respect, de croyance et d'amour pour les femmes ;
Plus rien ! rien que le prix que l'avare éditeur
Offre d'un livre neuf rempli d'esprit sans cœur.

Mais les dons précieux enfouis dans la poussière
Et tachés de la boue ou des pleurs de la terre,
L'âme vous les rapporte en entier, ô mon Dieu !
Le jour où tout nous manque, où tout nous dit adieu.
Au suprême moment, l'inspiration morte
Renaît pour resplendir plus brillante et plus forte,
Elle éclaire la vie à son dernier matin,
Comme les feux placés sur un sommet lointain,
Qui jetant leurs clartés célestes sur les cîmes,
Laissent au sein des nuits la base et les abîmes.

Maintenant, paix à vous, cendres qu'on jette au vent !
Dormez, chantres naïfs qui viviez en rêvant,
Orphelins délaissés qu'allaita le génie,
Et qu'étrangla la faim pendant une insomnie !

Paix à vous ! sur vos fronts le silence et l'oubli !
A d'autres l'épitaphe et le marbre poli,
A d'autres tout l'éclat des vaines funérailles.

A vous le lierre ami tapissant les murailles ;
Les gouttes de rosée et le chant des oiseaux,
Qui volent près des morts, nichent dans les tombeaux.
A d'autres les lauriers et les apothéoses !
A vous quelques soupirs et des feuilles de roses,
Et ce triste regret que l'on donne à vingt ans
A tout ce qui s'efface et meurt avant le temps !

V

A.....

A...

Comme l'oiseau choisit à la saison nouvelle
L'ombrage d'un rosier pour y bâtir son nid,
Moi j'ai cherché ton cœur, et j'y pose sans bruit
    Mon aîle !

Au vent plus frais du soir la fleur reprend ses charmes ;
Sous un poids de douleurs quand j'allais succomber,
Dieu m'a donné ton cœur pour y laisser tomber
    Mes larmes !

VI

LA SAISON DES ROSES

LA SAISON DES ROSES

Le soleil riait au dimanche,
La prière, parfum des cœurs,
Y ramenait la gaîté franche,
Les plaisirs qui rendent meilleurs.

Vers le but que tu nous proposes,
Joyeux nous prenons notre essor,
Et, par bonheur, on est encor
    Dans la saison des roses !

Voici les prés, les bois, l'eau pure ;
Adieu la ville, champs salut !
La voix de la brise murmure
Comme le chant plaintif d'un luth.
Laissons là les soucis moroses :
Tout seconde notre transport,
Aujourd'hui nous sommes encor
    Dans la saison des roses !

Sous l'ombre épaisse des mélèzes
On aime à goûter le repos.
Et le gazon rouge de fraises
Met le couvert pour les oiseaux.
Voici des fleurs à peine écloses,
Dans les épis d'un jaune d'or ;

Cueillons-les ; — nous sommes encor
  Dans la saison des roses !

Tressez, tressez, ô jeunes filles !
Des bleuets pour vos blonds cheveux ;
Chantez ! les hôtes des charmilles
Répondront à vos airs joyeux..
Votre cœur a des pages closes
Qu'il faut garder comme un trésor :
A dix-sept ans, l'âme est encor
  Dans la saison des roses !

Que la forêt doit être belle,
Lorsque vingt chasseurs à la fois
Suivent une meute fidèle
Et traquent le cerf aux abois ;
Des hallalis aux tristes pauses
Nous sont renvoyés par le cor.
Rêvons toujours... L'on est encor
  Dans la saison des roses ?

Mais quoi ! le soir étend ses voiles,
Et le vallon devient obscur ;
Déjà s'allument les étoiles,
Dans les profondeurs de l'azur ;
Mon cœur, au départ tu t'opposes,
Mais voici l'heure où l'on s'endort...
Au bois nous reviendrons encor
   Dans la saison des roses !

ENVOI :

L'amitié, ce lien de l'âme,
Unit les nôtres pour jamais ;
Au cœur de poète et de femme
Elle découvre ses attraits.
Vous faites des métamorphoses
Pour changer la face des jours,
Et près de vous on est toujours
   Dans la saison des roses !

VII

SOUHAITS

SOUHAITS

Si j'étais un oiseau j'aurais des plumes blanches ;
Si j'étais une fleur, je serais un beau lis ;
Arbre dans le désert, sous le poids de mes fruits
J'inclinerais mes branches.

Si j'étais un ruisseau, je cacherais ma source ;
Mes flots seraient si purs, qu'ils pourraient réfléchir
L'étoile qui pâlit quand le jour va blanchir,
        Et l'oiseau dans sa course.

Si j'étais un parfum, je serais cette myrrhe
Que l'on brûle à l'autel dans le saint encensoir ;
Si j'étais un rayon, je brillerais le soir
        Comme un dernier sourire.

Mon cœur a ses parfums, ma pensée a des ailes ;
Mes jours comme les flots se succèdent sans bruit,
Et d'un céleste amour j'ai recueilli le fruit
        Aux branches éternelles.

Que désirer, Seigneur ? rien ! — L'ombre fugitive
Qui décroît sur le mur où se comptent mes jours,
De ton ciel où je vais me rapproche toujours :
        Tu m'appelles ! — J'arrive...

VIII

VENEZ PLUS RAREMENT

VENEZ PLUS RAREMENT

Sonnet

Venez plus rarement au foyer solitaire
Où votre voix apporte un baume à mes douleurs.
Des regrets du passé rien ne doit me distraire,
Dans mon précoce hiver je ne veux pas de fleurs.

Quand de mes jours enfuis vous sondez le mystère,
Vous lisez dans un livre humide de mes pleurs ;
Ma jeunesse fut triste, et l'avenir austère
Ne m'apportera rien que de nouveaux malheurs.

Gardez-moi la pitié si douce à la souffrance,
Mais de loin ! — Je pourrais renaître à l'espérance ;
Et je rêverais plus que je ne puis avoir.....

Lorsque vous êtes là, consolant, doux et tendre,
Je sens qu'à votre amour j'ai le droit de prétendre,
Venez plus rarement ; — ou reviens chaque soir !

IX

LE PARADIS RETROUVÉ

———

LE PARADIS RETROUVÉ

A M. Benazet

Ne regrettez plus, filles d'Eve,
Le beau Paradis inconnu
Que ferma l'ange armé d'un glaive,
Et qu'en songe Milton a vu.

Je sais un nouvel Elysée,
Où l'on peut chercher à la fois
Des poèmes pour la pensée,
Ou des romans, selon son choix.

On y trouve des forêts vertes
Où l'on s'égare vers le soir ;
Des pentes de mousses couvertes
Où par groupes on va s'asseoir.

Des monts couronnés de bruyère,
Et portant comme un noir cimier
Un vieux château pareil à l'aire
Que l'aigle habita le premier.

Au bord d'un torrent qui babille
Comme un ruisseau sur les gazons,
La fleur qu'aime la jeune fille
S'épanouit sous les buissons.

Vergiss-mein-nicht : fleur recueillie !
Douce au cœur et douce au regard,
Que d'amoureux t'auront cueillie
Pour imiter Alphonse Karr !

Puis, à deux pas de la campagne,
Vous admirez en souriant
Des orangers comme en Espagne,
Des houris comme en Orient !

Des femmes aux blanches épaules,
Sous la gaze aux flots vaporeux,
Qui glissent à l'ombre des saules
L'amour au cœur, la flamme aux yeux !

Des cavaliers à mine fière :
Barons allemands, hidalgos,
Fils d'Italie à l'âme altière,
Français légers aux gais propos.

Tous parlent d'amour et de belles,
De cigares, de vins du Rhin,
De leurs meutes qui sont plus belles
Que les tableaux signés : JADIN.

De leurs cavales africaines
Qui, rapides comme le vent,
Gagneront aux courses prochaines
Vingt paris dépensés avant.

Du roman que met à la mode
Un procès gagné par l'auteur ;
Réclame simple et très-commode
Comptant plus d'un imitateur.

Des Marco, des baronnes d'Ange,
Des Dalila, des Bovary
Que l'on se passe et qu'on échange
Comme un verre de Sillery !

Des marquises et des comtesses
Qui sortent à pied le matin
Avec des voilettes épaisses
Et des bottines de satin.

De l'actrice qui résilie
L'engagement du directeur,
Et s'embarque pour l'Italie
Avec un boyard séducteur.

De tout, de rien, on rit, on cause ;
Sur une aiguille l'on bâtit
Sans effort la plus fine chose
Qui puisse éclore dans l'esprit.

Pendant ce temps la grande allée
Retentit d'accords enivrants,
Et se réveille constellée
Par des milliers de feux errants.

Puis le temple de Plutus s'ouvre :
L'or ruisselle sur le tapis,
Et le joueur heureux découvre
Le seuil d'un autre paradis.

Sous *la rouge* que l'œil caresse
Se cache un château ; plus encor :
Des diamants pour sa maîtresse !
Et l'on fait des vœux au veau d'or !

Eh bien ! ce pays où les femmes
Sont plus belles qu'en aucun lieu,
Où les regards ont plus de flammes,
Où le plaisir est le seul Dieu !

Où la valse aux souples méandres
Dans le bal emportait hier
Des couples d'amants aussi tendres
Que les fiancés de Bürger.

Où les vastes salles dorées
Que d'après Versaille on créa,
Donnent leurs royales entrées
Au Vaudeville, à l'Opéra.

Ce séjour où je voudrais vivre
A l'ombre des sapins épais,
Passant mes heures à poursuivre
Les rêves heureux que je fais !

Ces lieux remplis d'une ombre chère
Qui flotte encor devant mes yeux,
Me souriant avec mystère,
Et chantant de tristes adieux.

Ce coin de terre où la féerie
A laissé des traces partout ;
Où l'amour, la chevalerie
Sur les ruines sont debout !

Où pour être riche en une heure,
Il ne faut qu'être assez hardi
Pour courtiser en sa demeure
La *Fortune* comme Baudry !

Ce pays où la sérénade
Soupire sous de frais abris,
Cette oasis s'appelle Bade !
Et Bade est bien près de Paris !

X

SYLPHE ET GRILLON

SYLPHE ET GRILLON

A M. Jérôme Develey

J'ai pour voisin dans ma mansarde
Un léger habitant de l'air,
Doux sylphe qui prend sous sa garde
Mon luth détendu par l'hiver.

Rien n'est plus joli que cet hôte,
Au cœur tendre à la douce voix,
Dont la taille n'est pas si haute
Que le plus petit de mes doigts.

D'une feuille de clématite
Il fit son élégant pourpoint ;
Sa fraise est une marguerite,
De chaperon il n'en a point !

Le soir, il grimpe sur ma couche,
Je dors, l'écoutant babiller ;
Et de son aile d'oiseau-mouche,
Le matin il vient m'éveiller.

Au printemps, amant de la rose,
Il est rival du papillon ;
En hiver, chaque nuit il cause
Avec son ami le grillon.

Ils prennent pour chaise curule
Le sommet des chenets luisants,
Et pour eux la gaîté module
Ses rires les plus caressants.

Et moi j'écoute sans contrainte
Leur innocent et doux babil,
Ignorant si ma vitre tinte
Sous la pluie ou sous le grésil.

De cette cour que j'ai choisie,
Ami ne prenez point pitié ;
Mon sylphe, c'est la poésie !
Et le grillon, c'est l'amitié...

XI

FERME LES YEUX

FERME LES YEUX

PREMIÈRE VOIX :

La nuit succède au crépuscule
Le monde entre dans le repos,
Laisse les pages de Tibulle
Dont tes désirs sont les échos.
Efface de ton front d'ivoire
Le vestige du dernier pli
Qu'y creuse une triste mémoire ;
Ferme les yeux : — Je suis l'Oubli !

DEUXIÈME VOIX :

Je vais te créer un beau rêve,
Et dans de riches Alhambras
J'enverrai cette fille d'Eve
Que veulent enlacer tes bras.
La lionne devient gazelle ;
Sans cesse tu veux pour la voir
Rouvrir ta mourante prunelle
Ferme les yeux : — Je suis l'Espoir !

TROISIÈME VOIX :

Eh quoi ! les cils de ta paupière
N'ombragent pas encor tes yeux !
Ta lèvre dit avec mystère
Un nom adoré dans les cieux !
Vois, il est l'heure où Juliette
A Roméo niait le jour.
Apaise ta veille inquiète,
Ferme les yeux : — Je suis l'Amour..

XII

POUR LES INONDÉS

> J'ai des chants pour toutes les gloires,
> Des larmes pour tous les malheurs.
>
> (C. Delavigne).

POUR LES INONDÉS

I

D'où vient ce bruit sinistre et ce bruit de sanglots ?
— C'est la voix du malheur, la voix des grandes eaux
    Dont la France est épouvantée...
Dieu se lève — il appelle à lui tous les fléaux :
Les inondations, la famine et ses maux
    Vengent sa morale insultée !

La harpe du poète en ces jours de douleur,
Pour l'infortune en deuil a les accents du cœur,
   Et jamais elle n'abandonne
Les groupes désolés pleurant sur des débris
Comme Israël poussant de lamentables cris
   Près des rives de Babylone.

II

Seigneur, n'avons-nous pas assez de nos épreuves ?
La guerre avait laissé dans nos murs tant de veuves
   Tant d'âmes qui saignent encor...
Et voilà que, brisant d'impuissantes barrières,
Les fleuves débordés, rués sur les chaumières,
   Sèment la misère et la mort !

C'en est donc fait, le bras qui soutenait le monde
Se retire de nous, — à l'orgueilleux qui fonde

Son avenir sur le présent   [me : —
Dieu dit, — comme autrefois dans le buisson de flam-
Je suis celui qui suis ! — qui le nie en son âme
    Tombera sous ce bras pesant.

III

Seigneur, votre droite est terrible !
Suspendez un courroux vengeur,
Voyez cette foule insensible,
Muette encore de stupeur ;
Regardez ces enfants victimes
De notre abandon, de nos crimes :
L'innocence plaide pour nous !
Pour les retirer de Sodome
Vous avez dit : que l'on me nomme
Dix justes ! — les trouveriez-vous ?

Hier, dans les champs de victoire
Arrosés d'un sang généreux,

Avec l'hymne de la victoire
Le *Te Deum* montait aux cieux !
Maintenant dans les basiliques
Du pied des autels aux portiques ,
Le peuple à genoux a pleuré,
Et l'on entend avec ses larmes
Le cri de nos grandes alarmes !
Miserere ! miserere !

Seigneur, nous savons que la terre ,
Dans ses jours aux crimes livrés,
Secoua le joug salutaire
De vos commandements sacrés ;
Nous savons que sa folle ivresse
Jette l'insulte à la détresse,
Brise les tables de la loi ;
Dieu puissant, éternel, auguste ,
Oui, ce que vous faites est juste ,
Nous le confessons pleins d'effroi !

Mais au désert, quand des reptiles
Mêttaient aux portes de la mort

Les Hébreux aux cœurs indociles
Qui regrettaient l'Egypte encor ;
Pour les guérir de la blessure
Où le venin de la morsure
S'infiltrait dans le sang glacé,
On éleva, touchant emblême ,
La croix que vous prîtes vous-même :
Et la croix sauvait le blessé.

Oh ! que cette croix, phare immense
Dont les clartés baignent les cieux ,
Eclaire les cœurs en démence
Et corrige les vicieux !
Que, confessant votre doctrine,
L'impie, en frappant sa poitrine,
Se range enfin à notre foi,
Et sur les ruines s'écrie
Non pas : — malheur à la Patrie,
Mais, « malheur ! oh ! malheur à moi ! »

Oui, notre race est criminelle ,
Et nous allons, de mal en mal,

Offrir un encens infidèle
Aux autels honteux de Baal ;
L'orgueil, le lucre, l'égoïsme
Ont ramené le sybarisme,
Le frein du devoir est rompu ;
Loin de tourner les yeux vers Rome,
Nous avons regardé Sodome
Et notre esprit s'est corrompu.

Pour nous relever de la chute
Que faire et qu'offrir aujourd'hui ?
Comme avec Jacob l'ange lutte
Qui vaincra de nous ou de lui ?
Ah ! pour conjurer la colère
Qui s'étend sur la France entière,
Nous invoquons la charité,
La charité crucifiée
Qui chaque jour sanctifiée
Renaît dans la divinité !

Pour louer Dieu de notre gloire,
Le bénir de notre grandeur,

Dans le casque de la Victoire
Nous quêterons pour le malheur ;
Pour obtenir que le ciel donne
A l'héritier de la couronne
Les biens que son père a semés,
Nous offrirons à l'indigence
Le tribut de reconnaissance
De tous ses français bien-aimés.

Espérance ! — chantez, ma lyre,
Demandez, l'on vous donnera...
Dieu veille au salut de l'empire
Et sa droite le soutiendra ;
Il nous aime, s'il nous châtie...
Sa main ne s'est appesantie
Que pour nous rapprocher de lui ;
Ne frappons pas dix fois la pierre :
Faisons jaillir d'une prière
Un fleuve d'aumône aujourd'hui.

Donnons ! — mais donnons sans mesure,
Dieu pardonnera nos forfaits ;

L'homme avare invente l'usure,
Mais Dieu centuple les bienfaits.
Une aumône divinisée,
Retombe en céleste rosée
Et rafraîchit le bienfaiteur ;
Pour mesure de sacrifice
Comptons dans l'éternel calice
Les gouttes de sang du Sauveur.

XIII

FLEURS ET NEIGE

———

FLEURS ET NEIGE

I

Un jour j'ai fâché ma mère
Qui deux fois m'a répété :
Va chercher dans la clairière
Fleur d'hiver, neige d'été.

II

Lors, j'errai près des ravines,
Je parcourus les grands bois,
Et descendant les collines,
Je disais à demi-voix :

III

— Pasteur, où trouver ces choses :
La neige blanche en été
Et les fleurs fraîches écloses
Pendant l'hiver redouté ?

IV

— Si tu veux m'être fidèle,
Donne-moi ton anneau d'or,
Et je te dirai, ma belle,
Où trouver ce beau trésor.

V

Va loin dans la forêt sombre
Où de son vert parasol
Le sapin épanche l'ombre
Sur les bruyères du sol.

VI

Détache de ta main blanche
Quelques feuilles du rameau
Où le frais matin épanche
Ses larmes que boit l'oiseau.

VII

Puis à ta mère va dire ;
Avant les bourgeons ouverts
La feuille où le vent soupire
Est la fleur de nos hivers.

VIII

A l'heure où descend la brume,
Aux flots d'Ambre va cueillir
Sur l'azur la blanche écume
Qui semble s'épanouir.

IX

Et dans ta main si légère,
Pressant le flot argenté,
En riant dis à ta mère ;
Voici la neige d'été.

XIV

LA NATURE ARTISTE

LA NATURE ARTISTE

Je suivais lentement un sentier qui chemine
Entre le lit du fleuve et la verte colline,
Pour agrandir la route étroite on avait pris
Aux rochers orgueilleux de superbes débris,

De grands éclats de pierre, et la haute muraille
Paraissait frissonner, sans manteau pour sa taille.
Et je me dis tout bas : — Encore quelques jours
Et la nature aura prodigué ses atours ,
Sur ces rocs déchirés de pâles cicatrices :
Elle fera surgir des fleurs aux frais calices ;
La liane étendra son rideau gracieux ;
La végétation envahira ces lieux ;
Sa flore répandra par bouquets, par traînées,
Des herbes en épis, de minces graminées.
La nature vous donne et peut donner sans fin :

Qu'elle ait une falaise et la mer, — et soudain
Elle éventre les rocs, les tourmente, les creuse,
Les sculpte, les pétrit de sa main vigoureuse ;
Façonne une statue aux membres de cristal ;
Elève des clochers au front pyramidal :
Et, tandis que les flots minent la base sombre,
Le soleil vient mêler ses splendeurs à cette ombre.
Il trouve des effets de forme, de couleur,
Hâle, dore, brunit, rouille et bronze sans peur.
Il entasse des tons, prodigieux, étranges ,

Sur ces grands marchepieds de démons et d'archanges,
Et nos plus beaux remparts sont petits à côté
De ces murs dont la force égale la beauté.

Et si l'Océan manque à la grande nature
Pour bâtir à son gré sa mâle architecture,
Elle a toujours le ciel, la verdure et les fleurs ;
Quand la surface échappe à ses doigts ciseleurs,
Elle y jette à poignée et la mousse et le lierre :
Tout grimpe, monte et court pour envahir la pierre.
Son verdoyant caprice a la sève et le goût,
Conquérant de la grâce il s'étale partout ;
Il met la poésie et le parfum des roses
Où l'homme avait fermé son champ de portes closes.

O poète ! imitez la nature : en tous lieux
Elle forme l'esprit, elle charme les yeux.
Faites germer l'image à côté des idées.
Le lac couvre les prés de ses eaux débordées,
Dieu de chaque montagne aime à faire un jardin :

L'imagination doit garder son Eden.

La pensée est le marbre et la roche solide :

Sachez en déguiser la sécheresse aride,

Et mettez comme Dieu sur ces grandes hauteurs

Pour base du granit, — pour couronne des fleurs.

Dieppe, 7 Août.

XV

L'ARBRE DE NOEL

———

L'ARBRE DE NOEL

La veille de Noël, un enfant étranger,
Regardait à travers les joyeuses croisées
Les arbres lumineux qu'on venait de ranger
Et qu'ornaient à l'envi les mères empressées.

Le pauvre enfant souffrait et disait en son cœur :
— A l'un de ces foyers, n'aurai-je pas de place ?
Ouvrez ! je viens de loin, et le vent en fureur
A l'angle de ce mur me tourmente et me glace.

Ils sont passés les jours où le toit paternel
S'embellissait pour moi, pour tous mes petits frères;
Oh ! comme il était beau, mon arbre de Noël,
Et les jolis présents qu'y suspendaient nos mères....

Hélas ! en ce pays je suis un étranger !
Je frappe en vain ; chacun, égoïste en sa joie,
A l'enfant orphelin n'a garde de songer,
Mes pleurs sont le seul bruit que l'écho me renvoie.

Oh! Jésus ! doux Jésus, pitié, soutenez-moi...
Tous mes frères sont morts, morte est aussi ma mère !
Je suis seul et souffrant, dans votre amour j'ai foi
Le monde me dédaigne, accueillez ma prière.

L'orphelin s'entourant des débris d'un manteau
Les mains rouges de froid les chauffe à son haleine.
Tout à coup, dans la nuit que voit-il? un flambeau
Porté par un enfant à figure sereine.

Il avait des yeux bleus et des vêtements blancs,
La neige sous ses pas fait fleurir des corolles,
Le petit exilé tendit ses bras tremblants
Vers l'Enfant inconnu qui lui dit ces paroles :

— Je suis Jésus! jadis comme toi j'ai pleuré,
Je ne t'oublierai pas quand le riche t'oublie :
Ton arbre de Noël, moi je l'ai préparé,
Sous le poids de fruits d'or la branche tremble et plie.

Regarde! mainte étoile argente ses rameaux,
Il fait pâlir tous ceux qui brillent sur la terre;
Et l'enfant regardait : — Déjà des chants nouveaux
Eclataient dans le sein d'une céleste sphère.

Il croyait faire un rêve. Il vit tendant les bras
Ses petits frères morts portant des ailes blanches ;
Ils s'inclinaient jetant à l'envi sur ses pas
Des guirlandes de lis mêlés à des pervenches.

L'orphelin a franchi les beaux jardins du ciel,
Il reconnaît sa mère : elle est près de Marie !
On plaça son berceau sous l'arbre de Noël
Et l'enfant étranger retrouva sa patrie.

XVI

AUX SOLDATS

DE L'ARMÉE D'ORIENT

BIBLIOTHÈQUE IMPÉRIALE
IMP.

3

AUX SOLDATS DE L'ARMÉE D'ORIENT

Aux rives du Bosphore un cri s'est fait entendre :
« Du sommet des Balkans les Russes vont descendre :
« Trahison ! félonie ! et vengeance ! » — A ces mots,
L'Europe en frémissant s'arrache à son repos.
Debout, et la première à l'appel de la gloire,

La France prend son glaive et marche à la victoire.
Au moment du départ, l'Empereur dit adieu
A ceux qui vont chercher un baptême de feu :
« Allez, dit-il, il faut venger la *Grande-Armée*
« Par le froid et la faim à Moscou décimée.
« Quarante ans ont passé sur ses nobles débris ;.
« L'ennemi les croit morts… ils ne sont qu'endormis !
« Aux lueurs du canon, aux éclats de la bombe,
« Tous les vieux grenadiers vont sortir de la tombe ;
« Secouant leur linceul de neige, l'arme au bras,
« A travers les dangers ils guideront vos pas.
« Partez, braves enfants ! l'Orient vous appelle.
« Si vous devez mourir, que votre mort soit belle !
« Dignes de nos aïeux et de la liberté,
« Allez signer vos droits à l'immortalité.
« Mais pourquoi vous parler ici de funérailles ?
« Le Dieu qui vous conduit est le Dieu des batailles ;
« Il combat avec vous contre nos ennemis ;
« Et l'honneur de la France en vos mains est remis.

L'ombre de l'Empereur plane sur votre tête :
Partez ! j'entends sonner l'heure de la conquête !

Le monde vous regarde ! — En un péril pressant,
S'il vous faut des soldats, s'il vous faut notre sang,
Le pays entendra vos prières lointaines :
Il nous reste des fils, nous ouvrirons nos veines :
Oui, nous épuiserons jusqu'aux derniers trésors
Pour armer des vaisseaux à trois rangs de sabords,
Et donner des fusils, de la poudre et des balles
A ceux qui vont là-bas écrire nos annales !
Frères, où vous passez ont passé vos aïeux ;
Ils ont marché pieds nus dans ces sentiers pierreux ;
Leurs chariots ont roulé sur ces routes immenses ;
Ces rochers ont porté leurs drapeaux et leurs lances.
Vous camperez bientôt sur le sol ennemi,
Près du bivouac éteint où la garde a dormi.
Plantez-y fièrement un poteau qui sépare
Les peuples alliés d'une zône barbare.
Sur ce blason d'airain ciselez pour jamais
Les armes de Paris avec l'aigle Français.
Puis, gravez-y ces mots : « Défense aux Moscovites,
« Défense aux fils des Czars de franchir ces limites ! »
La France triomphante ainsi l'a décrété.
Ici refleuriront les arts, la liberté !
Et, chassé de ces bords, l'Esclavage recule
Aux rives d'Archangel ses colonnes d'Hercule.

Alors vous reviendrez ! — L'étoile de l'honneur,
Impérial joyau, luira sur votre cœur ;
Et vous aurez changé sur la brûlante plaine,
Pour des torsades d'or l'épaulette de laine.

Pour tous ces fronts brunis sous un ciel meurtrier
La France tressera son immortel laurier ;
Du temple des héros elle ouvrira les portes,
Et d'acclamations salûra vos cohortes.

De palmes et de fleurs semant votre chemin ,
Nous irons, conduisant vos filles par la main,
Remettre dans vos bras ce dépôt de tendresse ;
Et la Patrie, au chant des hymnes d'allégresse,
Près de l'Arc Triomphal, debout, l'œil inspiré,
Dira : « Votre étendard sanglant et déchiré
Ornera désormais le Dôme des Victoires ;
Vous avez agrandi le livre de mes gloires ;
L'aigle de Pétersbourg est tombé sous vos coups ,
Généraux et soldats, je suis fière de vous ! »

XVII

CHANTE LONGTEMPS

CHANTE LONGTEMPS

Le murmure des flots sur le bord des falaises,
Les deux chuchotements du vent dans les mélèzes,
Tous les bruits confondus des bois, du gouffre amer,
Tous les chants du matin qui sourit et s'éveille,
N'apportent pas des sons si doux à notre oreille,
Que de sons de la voix que j'écoutais hier.

Le soupir d'une harpe au fond des bois cachée,
Et que l'aile des nuits mollement a touchée ;
L'orgue du temple saint qui célèbre l'autel ;
Le poète inspiré, disant sa rêverie ;
La chanson de l'oiseau sur sa branche fleurie,
Ne valent pas ta voix, écho venu du ciel.

Chante, chante longtemps artiste bien aimée,
Des dons les plus sacrés, par le ciel animée,
Tu te dois à tous ceux qui chérissent les arts !
Chante pour réveiller l'inspiration morte !
Chante, comme Memnon, d'une voix tendre et forte,
Sitôt qu'un pur rayon caresse tes regards.

Et nous te comprendrons : pour applaudir encore
Aux accents merveilleux de cette voix sonore,
Nos cœurs et nos bravos s'élanceront vers toi ;
Dieu posa sur ton front l'étoile du génie,
Chante, chante toujours ! ta céleste harmonie
Rend l'amour à nos cœurs ; à notre âme, la foi !

XVIII

NOSTALGIE CÉLESTE

NOSTALGIE CÉLESTE

Qu'as-tu, ma pauvre enfant? tu pâlis, tu succombe...
Où souffres-tu? je veille et je pleure avec toi ;
Sur tes yeux qui, jadis, rayonnaient devant moi
Ta paupière alourdie avec langueur retombe.

Je devine ton mal, je l'ai lu dans tes yeux,
C'est le mal du pays : — tu regardes les cieux !

Veux-tu revoir le ciel où passa ton enfance,
Tes grèves de Bretagne et tes landes en fleurs?
Sur terre, me dis-tu, nous sommes voyageurs,
Et c'est plus haut encor que ton désir s'élance !

Ah ! je connais ton mal, je l'ai lu dans tes yeux,
C'est le mal du pays : — tu regardes les cieux !

Les fleurs n'ont ici-bas qu'un parfum éphémère
L'amitié n'est qu'un mot, et le monde est trompeur;
Tu verrais, par degrés mourir ton pauvre cœur,
Tu veux le rendre à Dieu dans sa splendeur première.

Ah ! je comprends ton mal, je l'ai lu dans tes yeux,
C'est le mal du pays : — tu regardes les cieux !

J'appelle aussi le terme où ta pensée aspire...
Le trépas est pour nous l'aurore d'un beau jour ;
La terre est la douleur ; le ciel est tout amour !
Et l'on commence à vivre, à l'heure où l'on expire !

Je partage ton mal, je l'ai pris dans tes yeux ;
C'est le mal du pays : — et le nôtre est aux cieux !

[illegible]
[illegible]
[illegible]
[illegible]

[illegible]
[illegible]

XIX

A SON ALTESSE IMPÉRIALE

Madame la Princesse Marie de Bade

A SON ALTESSE IMPÉRIALE

Madame la Princesse Marie de Bade

Jadis, l'insouciant trouvère
Allait de castel en castel,
Chantant l'amour, chantant la guerre
Sur le luth joyeux de Blondel.

Il n'avait de biens sur la terre
Que les refrains du ménestrel,
Mais une porte hospitalière
S'ouvrait pour lui sous chaque ciel.

Arthus, héros de la légende,
Iseult, blonde reine allemande
Dans leurs chants revenaient cent fois ;

Je les accusais dans mon âme
D'exagérer un peu... — Madame,
Je vous ai vue et je les crois !

Nice, 8 mars 1834.

XX

ADIEUX A BADE

ADIEUX A BADE

Beaux jours d'été qui donnez tour à tour
Les fleurs aux champs, aux forêts leur ombrage,
Les doux refrains d'oiseaux sous le feuillage,
Aux jeunes cœurs les chansons de l'amour...

Beaux jours d'été dont le plaisir profite
Pour nous conduire en des lieux enchanteurs ;
Ah ! par pitié ne passez pas si vite,
Tant de regrets nous attendent ailleurs !

Fraîche saison d'espérance et de joie,
Printemps du cœur, poétique trésor,
Aube des jours ! véritable âge d'or,
Qu'un Dieu clément à la jeunesse envoie ;
Rêves si doux que l'on raconte à deux,
En effeuillant la blanche marguerite ;
Ah ! par pitié ne passez pas si vite,
Trop tôt des pleurs viendront mouiller nos yeux.

Lauriers promis, noble et sainte couronne,
Qui du talent dois payer les efforts ;
Toi, qu'on suspend au monument des morts,
Qui, rarement embellis notre automne ;
Gloire ! fantôme évoqué chaque nuit,
Quand une fièvre ardente nous agite ;

Ah ! par pitié ne passez pas si vite,
Auprès de ceux que votre ombre séduit.

Vous qui portez la soie et les dentelles
Sans demander combien doivent coûter
Ces riens charmants qu'on vous voit acheter,
Ces fins tissus, ces étoffes nouvelles ;
Quand près de vous, le désespoir au cœur,
Un malheureux humblement sollicite,
Ah ! par pitié ne passez pas si vite
Devant la main que vous tend la douleur....

Mois consacrés aux plaisirs du voyage,
Où la vapeur emporte dans ses chars
Les grands seigneurs et les amis des arts,
Les amoureux, beaux oiseaux de passage ;
Lorsque l'archet du bonheur, notre dieu,
Fait de chacun un nouveau sybarite,
Ah ! par pitié, ne passez pas si vite,
A Bade, hélas, il faudrait dire adieu...

L'automne fuit ; — déjà l'hiver arrive,
Demain la neige aura blanchi le sol ;
Plus de parfums, de fleurs, de rossignol ;
Notre gaîté sous le givre est captive.
Lorsque j'aspire au retour du printemps
Qui me rendra mon Paradis d'ermite,
Ah ! par pitié, passez un peu plus vite,
Longs jours d'hiver aux sinistres autans.

1er Octobre.

Au pied d'un sapin de la forêt de Sandweyer.

XXI

NIMES

NIMES.

A l'heure où de Vénus l'étoile monte aux cieux
Je rêvais... et la lune, au disque radieux,
Dégageant ses clartés des voiles d'un nuage,

Dans l'onde du bassin réflétait son image.
La ville s'endormait, et seuls les arbres verts
Avec le vent du soir commençaient leurs concerts.
Pleine d'un vague émoi, je reposai ma vue
Sur l'œuvre de Pradier, cette blanche statue
Qui nous montre debout et dans sa majesté
Nîmes belle de grâce autant que de fierté.
A ses pieds s'effeuillaient les fleurs de sa corbeille,
Et sur son diadème on lisait, ô merveille!
L'histoire de ses jours, que l'artiste inspiré
Mit comme une auréole au front transfiguré.
Je rêvais.... quand soudain, nouvelle Galathée.
Je crus la voir frémir; doucement agitée,
De son manteau de marbre elle écarta les plis,
Détacha sa couronne et me dit : Vois! Je vis!...

L'Arène aux murs noircis par le temps et la flamme
Des siècles écoulés ressuscita le drame.
Dans cette immense ellipse, encor veuve de bruit,
Le soleil dissipant les ombres de la nuit,
Romains, Volsques, Gaulois, tout s'éveille et s'anime;
A mes yeux s'offre alors un spectacle sublime.

Le peuple, impatient de ces horribles jeux,
Envahit, comme un flot, les gradins spacieux.
César vient occuper la loge impériale ;
Un char aux blancs coursiers amène la Vestale ;
Le gladiateur entre, et l'empereur sourit
Aux lions affamés que sa bonté nourrit.
La lutte a commencé ; les coups se précipitent,
Les bêtes sous leurs dents broient les chairs qui pal-
Et pour laver le sol tout inondé de sang,   [pitent ;
L'Arène se transforme en lac éblouissant.
L'empereur fait un geste ; à cet ordre, la foule
Haletante, enivrée, en un instant s'écoule.
Et, comme elle, quittant ces murs démantelés
Dont le lierre envahit les contours écroulés,
Je me retrouve seule avec la poésie
Qui fait des grands débris sa demeure choisie.

Sous la Porte-d'Auguste on n'entend plus les chars ;
Mais le temple, aujourd'hui sanctuaire des arts,
S'énorgueillit encor de ses frêles colonnes
Où l'acanthe a tressé ses feuilles en couronnes ;
Et la brise des nuits vient jouer dans les fleurs

Qu'a fait épanouir le ciseau des sculpteurs.
Colbert avait rêvé d'en décorer Versailles ;
Mais Nîmes triomphant garda dans ses murailles,
En dépit d'un caprice et d'un pouvoir jaloux,
Ce que François premier admirait à genoux :
Ce temple, ce joyau d'antique architecture,
Qui de ses dieux tombés couvre la sépulture,
Et près duquel parfois, au milieu de la nuit,
Du vol puissant de l'aigle on croit ouïr le bruit.

A ceux qui, du passé remuant la poussière,
Viendront interroger tes annales de pierre,
Rome, pour toi toujours, ô Nîmes ! répondra ;
Et de la Grande-Tour à leurs yeux sortira
Ce peuple de héros, qui dort dans le silence,
Au murmure des pins que la brise balance ;
Diane apparaissant sous de chastes abris
De son autel désert ouvrira les parvis ;
Poétique ruine, où des berceaux de rose
Semblent ensevelir, pour son apothéose,
Le Nymphée, où jadis se baignaient chaque soir,
Des beautés dont ta source était le frais miroir.

La statue, à ses pieds, me désignant le groupe
Dont l'urne débordée emplit la vaste coupe,
Ajouta : Cette vierge à l'œil calme et rêveur
Veille sur la Fontaine, entretient sa fraîcheur ;
Ce Dieu sombre est le Rhône ; et la Nymphe si belle,
Attentive aux accords de la lyre immortelle,
Verse son eau limpide au superbe Gordon ,
Qui, le trident en main et la menace au front,
A travers les forêts et les plaines fécondes,
Est prêt à déchaîner le torrent de ses ondes.
En remontant ses bords n'as-tu pas visité
Le site gracieux par Florian chanté ?
Connais-tu, près d'ici, la gorge solitaire
Où blanchit son écume et gronde sa colère ?
Là, se dresse un géant, un aqueduc romain,
Qui du temps destructeur a défié la main.
Il s'élève hardi sur ses triples arcades,
De l'un à l'autre mont portant l'eau des cascades.
La nature prodigue a semé dans ces lieux
Des vignes, des coteaux, des bois mystérieux.
Sous les rocs que noircit leur foyer fantastique
Campent les bohémiens près du colosse antique ;
Le pâtre insouciant y conduit ses troupeaux
Et jette sa chanson aux sauvages échos.

Mais au dôme des cieux pâlirent les étoiles.
Telle qu'Isis cachant sa beauté sous des voiles,
La statue à son front rattacha le bandeau ;
Par degrés s'effaça le magique tableau...

Aux premiers feux du jour, les remparts de verdure
Dont Nîmes a formé sa coquette ceinture,
Les jardins odorants,.les fontaines, les fleurs
Dévoilèrent pour moi de nouvelles splendeurs.
A travers les ormeaux j'aperçus ces musées
Où l'artiste légua de vivantes pensées ;
Je vis se dérouler la ligne des coteaux
Que l'olivier revêt de ses pâles manteaux.
Surpris à cet aspect, on s'arrête, on s'étonne ;
La gloire, les hauts faits et les arts, tout rayonne ;
Et l'œil émerveillé se repose à la fois
Sur la ville moderne et celle d'autrefois.
L'histoire qui compta tes progrès d'âge en âge,
Nîmes, a de grandeurs formé ton héritage :
Sur chaque monument renfermé dans tes murs
Des fastes sont inscrits pour les siècles futurs.
Tu règnes par les arts comme par l'industrie ;

A tes produits Lyon dès longtemps porte envie ;
Les tapis d'Orient pâlissent près des tiens.
Tes nombreux ouvriers, sur les métiers anciens,
S'efforcent d'effacer l'erreur de l'habitude ;
Ils font, nouveaux Jacquarts, du travail une étude.
Les filles d'Yémen pour s'embellir encor
Ont besoin de ta gaze aux arabesques d'or ;
Et tu ravis aux bords où Golconde s'admire
Les tissus que pour elle inventa Cachemire.

Artiste, industriel, savant, homme d'Etat,
Sur chacun de tes fils rejaillit ton éclat,
Et chacun à son tour te pare de sa gloire.
Il est encor pour toi des pages dans l'histoire !
Car, si ton nom emprunte un charme au souvenir,
Ton antique grandeur répond de l'avenir.

XXII

JE NE SAIS PAS CE QUE C'EST QUE L'AMOUR

———

JE NE SAIS PAS CE QUE C'EST QUE L'AMOUR

On m'a dit bien souvent : pour remplir une vie ,
Ah ! ce n'est point assez d'aimer la poésie,
Il faut à notre cœur des sentiments plus forts ,
Il faut sentir en soi palpiter une autre âme ;
Si l'art est un flambeau, l'amour en est la flamme,
Et l'amour dans ses chants fait passer nos transports.

Et je les écoutais triste, découragée...
Assise au bord des flots comme une naufragée,
Dans mes rêves sans but je laissais fuir le jour ;
Puis je leur répondais avec un fier sourire :
— De profanes accords j'ai défendu ma lyre,
Je n'ai jamais connu ce que c'est que l'amour !

Alors, que sais-tu donc ? La nature elle-même
N'étale à nos regards que ce divin poème :
Tout s'éveille, tout vit, tout crie : il faut aimer !
Les fleurs ont des baisers, les oiseaux des caresses,
Le printemps sur son aile apporte mille ivresses
Et son souffle puissant ne peut te ranimer ?

— J'ai rêvé, j'ai prié dans l'ombre et le silence ;
J'ai conservé la paix que donne l'innocence
Et qui de nos plaisirs s'éloigne sans retour.
Je reçois sans rougir le baiser de ma mère ;
L'ange du pur sommeil vient fermer ma paupière,
Je ne sais pas encor ce que c'est que l'amour...

L'amour c'est l'infini, la gloire et le génie !
Dante a divinisé sa Béatrix ravie,
Les douleurs de Pétrarque ont inspiré ses vers ;
Le Tasse a murmuré le nom d'Eléonore,
Et, sur un autre luth, tu peux entendre encore
Celui d'Elvire, appris au rivage des mers.

Aimons donc ! et livrons au vent de la jeunesse
Tout ce qui dans mon cœur chante et vibre sans cesse.
Mai revient, précédé de sa joyeuse cour :
Hier, j'ai reconnu mes sœurs les hirondelles !
N'ont-elles pas pour moi des billets sous leurs ailes ?
Je voudrais bien savoir ce que c'est que l'amour !

Non ! non... dormez en paix, ô Laure et Béatrice,
Emblèmes de l'amour comme du sacrifice.
Pétrarque est devenu le don Juan du jour !
Hélas ! on ne croit plus à votre rêve d'ange,
L'idole avec l'autel a roulé dans la fange,
Je ne veux pas savoir ce que c'est que l'amour !

XXIII

LA VOCATION DE LA FEMME

LA VOCATION DE LA FEMME

Lorsque furent passés les beaux jours où Rachel
Souriait à Jacob près du puits de Bathuel ;
Quand les tentes d'Azer par l'ennemi détruites
N'abritaient plus les chefs et les tribus proscrites,

Les vaincus se mêlant à des peuples vainqueurs
En prirent trop souvent et le culte et les mœurs.
L'homme aima moins le cercle étroit de la famille,
Il créa d'autres lois : — sur sa femme et sa fille
Fit retomber le joug d'un despote jaloux,
Et bientôt le tyran vint remplacer l'époux ;
La femme au gynécée, enfermée à toute heure,
Eut pour seul horizon la vie intérieure.
Etrangère aux plaisirs comme aux bruits du dehors,
Ces trois mots résumaient l'existence qu'alors
Menait l'épouse grecque ou la dame romaine :
« Elle vécut chez elle et fila de la laine, »
Plus tard, lorsque le Christ apporta son flambeau,
Et de l'homme tombé fit un homme nouveau,
Pour relever la femme, il éleva sa mère !
Versa sur tous les fronts une égale lumière ;
Brisa les fers rivés par l'orgueil inhumain ;
Sur les pompeux débris du colosse romain
Qui fait trembler les rois de Gaule et d'Ibérie,
Il arbora la croix, signe d'une autre vie.
La femme triompha. — Du virginal bandeau
Elle osa couronner son modeste tombeau.
On respecta l'épouse et la vierge et la veuve ;
Fortes dans le danger, constantes dans l'épreuve,

Elles surent montrer que leur cœur méconnu
Renfermait des trésors d'amour et de vertu ;
Que seul, il a gardé le vase d'ambroisie
D'où s'échappe à longs flots la sainte poésie.
Oh ! que ne peut l'amour du bon, du vrai, du beau,
Surtout lorsqu'une femme en porte le flambeau !
C'est par lui qu'en tous lieux en prodiges féconde
Elle fut le salut et la gloire du monde !
Mus par un noble orgueil nous aimons à savoir
Ce que doit notre empire à son divin pouvoir.

D'Attila, ce fléau qui ravageait la terre,
Nous voyons triompher la vierge de Nanterre.
En d'autres jours fameux, un ange de bonté
Du vrai culte à la France apporte l'unité.
Clotilde va courber l'orgueil du diadème
Sous la main du prélat qui verse le baptême,
Et conduire Clovis, deux fois victorieux,
Aux pieds du Dieu martyr qui détrône ses dieux.
Quelle autre, du royaume ayant pris la tutelle,
Des souverains français nous donna le modèle,
En fit un sage, un saint, un grand législateur,

Sacré par la vertu, la gloire et le malheur
Un héros dont l'église agrandit sa famille ?
Mères, inclinez-vous : — c'est Blanche de Castille.
Chevaliers, faites place ! à la patrie en pleurs
Le ciel envoie enfin l'ange de Vaucouleurs.
Jeanne d'Arc a le droit de marcher la première
Aux fêtes, aux combats ! L'héroïque bergère
S'offrit pour affranchir et sauver son pays,
Et mourut pour son Dieu, Charle et les fleurs de lys...
Voici des temps plus doux : Salut au gai Trouvère !
Son luth aura des chants d'amour, des chants de guerre,
De troubles et d'ennuis son règne est préservé ;
Le sceptre des beaux-arts par Clémence est sauvé !
Si des pleurs quelquefois viennent mouiller sa lyre,
Ce n'est plus de Sapho le funeste délire ;
La tendresse pudique a réclamé ses droits :
La harpe de David vibre au pied de la croix.
Azalaïs s'inspire avec Raimbaud d'Orange.
Laure garde à son front son auréole d'ange.
Puis viennent de doux noms connus des romanciers :
Agnès, Anne d'Etampe et Diane de Poitiers,
Beautés dont le regard se payait d'un empire !
Et la blonde Stuart, femme, reine et martyre
Qui célébrait la France en des vers enchanteurs,

Avant qu'elle pleurât sur ses longues douleurs...
Passez, brune Fontange et tendre Lavallière !
Saluons d'Aubigné, non moins belle qu'austère.
Le temps marche... — Semblable aux torrents furieux
Qui sèment les débris et la mort autour d'eux,
Le peuple se déchaîne et la Terreur commence...
Chaque jour, l'échafaud qui décime la France,
Voit cent têtes rouler dans son hideux panier,
Depuis le roi Louis jusqu'au noble Chénier...
Que d'hommes, entassés dans l'ignoble charette,
Sans murmures allaient sacrifier leur tête
A l'idole du jour qu'on nommait : Liberté !
Mais ils n'étaient pas seuls : la vertu, la beauté
Devaient payer leur dîme à l'affreuse hécatombe...
Le bourreau mit trois ans à combler une tombe...
Que d'actes de courage et de saints dévouements
De Lamballe à Sombreuil ! — A ces déchirements
Succède un jour plus calme et la France respire.
Pour de lointains exploits ses fils partent. — La lyre
Les lois, l'autel, le trône et la croix sont debout.
Les arts, fils de la paix, refleurissent partout !
Nos Muses désormais sont : la Foi, l'Espérance,
La Charité ! cet ange aimé de la souffrance ;
Visible parmi nous la nuit comme le jour ;

Aux plus infortunés donnant le plus d'amour...
Portant la paix, l'espoir et le pain que réclame
Le vieillard expirant, l'orphelin ou la femme.
Qu'un fléau menaçant dévore une cité,
Elle accourt sous ce nom : la sœur de charité !
Oh ! sa vie est un livre, un céleste poëme,
Destiné pour les yeux du divin Christ lui-même.
Si vous tournez les yeux vers les champs d'Orient,
Elle est là ; dans l'hospice elle entre en souriant ;
A la crèche, elle berce un enfant qui sommeille ;
Visite la mansarde, et les prisons où veille
Le remords, ce vengeur des crimes et des lois.
La plainte s'adoucit aux accents de sa voix ;
L'espoir revient au cœur que son regard ranime.
Elle est simple, modeste, elle est toujours sublime !
Sans éblouir l'esprit elle touche le cœur.
Elle est de notre siècle et la gloire et l'honneur,
Homme, humiliez-vous devant ses sacrifices !
Car elle a dépassé ce qu'on nomme services,
Dévouement à l'Etat, vertus, talents. Son cœur
L'initie à la vraie, à la seule grandeur,
Celle d'aimer son frère et d'aider son semblable.
Et ces anges, amis au zèle infatigable,
Quand nous les appelons nous répondent toujours.

La femme réunit trois célestes amours :
Amante, épouse et mère elle nous purifie ,
Sous ces trois noms divins elle se sacrifie !
Elle sait bien pourtant qu'on ne lui paiera pas
Les nouveaux dévouements qui suivent tous ses pas;
Mais , sa vocation, quelque soit l'âge et l'heure,
Est d'aimer pour aimer...

              N'est-ce pas la meilleure ?

XXIV

LA LAMPE DE GULNAÏ

LA LAMPE DE GULNAÏ

Je suis la lampe d'albâtre
Qui, sur la beauté folâtre,
Jette des rayons tremblants
Quand luit l'aurore vermeille,
L'aurore qui la réveille
Et rit sur ses rideaux blancs!

C'est à ma clarté douteuse
Qu'entre ses doigts gracieux,
Elle fait, capricieuse,
Rouler ses flots de cheveux ;
Sur son épaule qui penche,
Sur l'ivoire de sa hanche,
Jusque sur sa jambe blanche
Tombe l'onduleux manteau ;
Et par un charmant sourire
La coquette semble dire :
Plus d'un regard qui m'admire
Voudrait être ce flambeau !

Puis, sa main fine qui joue,
Blanche sur leur reflet noir,
Avec des perles les noue
En face de son miroir ;
Les enlaçant en spirale,
Sur leurs tresses qu'elle étale,
Brillent le rubis, l'opale
Apportés de Visapour ;
Et la belle jeune fille,

Dont le regard bleu scintille,
Sous les plis de sa mantille,
Semble la fleur de l'amour !

Quand l'onde pure s'apprête
Pour son bain mystérieux,
Ma lueur va plus discrète
Dans ce réduit gracieux.
D'un peu d'ombre je me voile
Lorsque Gulnaï sans voile
Vient, foulant la blanche toile,
Se livrer au flot d'azur ;
Dans sa nudité modeste,
Son regard est si céleste,
Qu'en elle, sourire ou geste
Trahit la vierge au cœur pur...

Je suis encor plus charmée,
Quand nymphe, au front idéal,
Elle quitte ranimée

Son bain clair et virginal :
En vain l'onde en pleurs se roule
Sur son sein , gracieux moule ,
D'une coupe dont la foule
Admirerait le contour ;
En jouant elle se lève ,
Telle qu'on voit dans un rêve
Pandore, qu'un dieu soulève
Vers un immortel séjour !

Je suis la lampe d'albâtre
Qui, sur la beauté folâtre,
Jette des rayons tremblants
Quand luit l'aurore vermeille,
L'aurore qui la réveille
Et rit sur ses rideaux blancs !

XXV

L'AMOUR DANS UN NID

L'AMOUR DANS UN NID

Sous le jasmin de ma fenêtre,
Petit oiseau qui viens percher
Quand l'aube ne fait que de naître,
Aujourd'hui pourquoi te cacher?

14

J'aimais ta voix et ta présence,
Tu semblais soupirer d'amour...
L'amour, dis, est-ce une souffrance
Ou bien l'aurore d'un beau jour?

Toi qui vis de fleurs demi-closes
Et bois les larmes du matin
Dans le calice frais des roses,
Apprends-moi quel fut ton destin.

Vis-tu le jour dans nos contrées,
Sous un bosquet sombre et couvert,
Ou viens-tu des forêts sacrées
Où l'on ne connaît pas l'hiver?

Charmant oiseau, quoi! tu soupires...
Que dis-tu? mais vous semblez deux :
Comme faiblement tu respires,
Que tes accents sont langoureux!

Ah ! oui, dans ton nid faible et frêle,
Je vois ton aile entrelacer
Le bleu jaspé d'une jeune aile,
Vos becs doucement se presser...

C'est de l'amour ! moi, jeune fille
Je ne sais rien de ses douceurs,
Et les oiseaux de la charmille
Ont plus que moi bien des bonheurs !

Déjà fuit ta douce compagne,
Elle élève son vol aux cieux ;
Ton regard suit dans la campagne
Son élan rapide et joyeux.

Elle est aimée... elle est heureuse!
Mon bel oiseau, toi seul plains-moi :
Ton bonheur me rend envieuse,
Je n'aime pas ! mon Dieu, pourquoi ?

Va, mon regard est triste et sombre,
L'amour si doux devient fatal,
Et tes baisers cachés dans l'ombre
A mon cœur ont fait bien du mal !

XXVI

À un Sculpteur

À un Sculpteur

GULNAÏ

C'est en vain que le cœur, aveugle en ses désirs,
Tente d'éterniser de passagers plaisirs,
Toute chose aboutit à quelque vaste abîme !
Et l'on voit dans les bois des chênes les plus grands
Que respectaient encor les coups des ouragans
    La cognée abattre la cime.

Pour relever ton cœur, un moment abattu,
Cherche dans le passé quelque mâle vertu :
Tu verras Annibal défendant ses murailles ;
L'Athénien buvant le breuvage mortel ;
Brutus livrant ses fils au glaive sans appel ;
    Caton déchirant ses entrailles...

Et qu'avaient-ils donc fait, ces sages, ces héros,
Pour attirer sur eux l'excès de tant de maux ?
Les uns avaient tenté de sauver leur patrie ;
Les autres, proclamant une divinité,
Remplaçaient une erreur par une vérité,
    Et pour elle donnaient leur vie !

L'ARTISTE

Que me fait, Gulnaï, le sort de tant de rois
Qui, sur le front du peuple élevant leur pavois,
Tombaient sous les débris de leurs trônes en poudre !
Qu'importe qu'au Portique en grands hommes fécond

L'un d'eux ait sans pâlir et sans courber le front
    Reçu le choc d'un coup de foudre !

Qu'ai-je cherché sur terre au-delà de l'amour ?
Je voulais vivre heureux en quelqu'obscur séjour ;
Et, si quelque penser d'ambition hautaine
Brûlait ma tempe, alors c'est que pensant à toi
Je disais : — dans les arts, pour elle soyons roi :
    Elle aspire au titre de reine !

Et mon ciseau fouillait le marbre ! et de mon bras
J'aurais pu soulever le gigantesque Atlas,
Tant je sentais en moi de puissance et de fièvre.
L'argile s'animait et vivait sous mes doigts,
Il ne lui manquait plus que ton cœur et ta voix
    Avec le souffle de ta lèvre !

Oh ! c'étaient des instants d'ineffable bonheur !

Je te parais alors de toute la splendeur
Que l'idéal revêt au sein de la pensée;
Je pouvais t'adorer comme mon œuvre, à moi!
Et seul, Pygmalion, le grand artiste roi,
    Connut cette ivresse insensée!

Quel prix m'as-tu donné pour ces vastes désirs,
Ces rêves de mes jours, hélas! mes seuls plaisirs!
Syrène dont le chant berçait ma peine amère?
Quand tu vis subjugué, mourant, anéanti,
Celui qui, pour te plaire, eut tenté l'infini,
    Tu le privas de ta lumière...

GULNAÏ

Les élus du génie attirent entre tous
D'un rigoureux destin les plus terribles coups:
Michel-Ange a subi la haine avec l'envie;
Pétrarque n'obtint pas un baiser de Laura;

Dante, après Béatrix que Dieu lui retira,
   Dut encor supporter la vie...

Mais dans l'étroit chemin où nous posons nos pieds
Il reste, mon ami, des bouquets oubliés,
Fleurs tardives qu'on cueille après mainte souffrance :
L'amitié doucement s'épanouit au bord ;
Et, près d'elle, l'on trouve un beau calice d'or
   Qui s'appelle la confiance.

Seule je t'inspirais ! mais tu le vois, j'accours !
Je t'apporte ma lyre, elle saura toujours
Traduire des accords brûlants comme une flamme ;
Et si plus d'une corde a molli sous mes pleurs,
Afin de les sécher tu couvriras de fleurs
   Ce luth confident de mon âme.

Eh bien ! à cet accent qui de loin monte à toi,

Si tu sens que ton cœur palpite encor pour moi,
Songe que ta douleur doit devenir féconde ;
Qu'une blanche statue attend son créateur ,
Et qu'elle doit sortir d'une larme, ô sculpteur !
Comme Vénus du sein de l'onde.

XXVII

LE SECRET DU POÈTE

LE SECRET DU POÈTE.

J'ai chanté ce que rêve l'âme
De plus suave et de plus doux ;
J'ai chanté la plus noble flamme

Qui puisse s'allumer en nous !
Et parmi les odes nouvelles
Qui déployaient leurs blanches ailes,
La plus intime fut pour vous.

J'ai nommé toutes les merveilles
Que fit un Dieu puissant et bon ;
Les rosssignols et les abeilles
Ont voltigé dans ma chanson.
J'ai nommé les pâles étoiles
Qui pour moi soulevaient leurs voiles,
Je n'ai jamais dit votre nom...

J'ai chanté l'amour qui m'enivre,
Ses délices et ses primeurs ;
J'ai sur les pages de mon livre
Mis des vers comme les rimeurs !
Mais j'ai caché, source choisie,
D'où me venait la poésie
Par qui je vis, par qui tu meurs...

Prends sur ces pages éphémères
Le rayon d'or des plus beaux jours ;
Choisis dans ces fleurs printannières,
Celle qui te dira : toujours !
Trésor unique de mon âme
Prends parmi mes rêves de femme
Le rêve où passent les amours...

FIN

TABLE

TABLE DES MATIÈRES

OUVRAGES DU MÊME AUTEUR

Sous presse :

PEBLO SUIVI DE SIMPLETTE

VIATRICE

L'ABBÉ MARCEL

LE

JOURNAL DES PENSIONNATS

REVUE SCIENTIFIQUE, LITTÉRAIRE ET RÉCRÉATIVE

DESTINÉE AUX MAISONS D'ÉDUCATION

Paraîtra tous les quinze jours, à partir du 15 Février 1858

Rédacteur en chef : RAOUL DE NAVERY.

Imp. M. Alcan.